[illegible]

[illegible]

[illegible]

1798

[illegible]
[illegible]
[illegible]

ASSOCIATION FRANÇAISE

POUR

L'AVANCEMENT DES SCIENCES

CONGRÈS DE ROUEN

1883

M ____

PARIS

AU SECRÉTARIAT DE L'ASSOCIATION

4, rue Antoine-Dubois, 4,

(PLACE DE L'ÉCOLE-DE-MÉDECINE.)

ASSOCIATION FRANÇAISE
POUR L'AVANCEMENT DES SCIENCES

Congrès de Rouen. — 1883

M. le Docteur E.-T. HAMY

Conservateur du Musée d'ethnographie, aide-naturaliste au Muséum.

LES HABITANTS PRIMITIFS DE LA BASSE ORNE

— Séance du 22 août 1883 —

I

Le cours inférieur de l'Orne, en aval de Caen, était autrefois bien différent de ce qu'il est aujourd'hui. La rivière, canalisée, relie maintenant presque en droite ligne Benouville à Ouistreham, tandis que, divaguant jadis au milieu des terrains plats qui s'étendent entre ces deux localités à gauche et à droite, Amfréville, Sallerelles et Merville, elle décrivait, avant d'atteindre l'embouchure, les coudes les plus capricieux.

La mer remontait assez haut dans l'estuaire, il y a cinquante ans encore, pour que le flux se fît sentir jusqu'aux abords de Caen, et la carte de l'état-major nous a conservé le détail des anciens bras de la rivière et des îlots de sable que les eaux contournaient depuis la basse Écarde jusqu'au banc des Oiseaux.

Les fouilles pratiquées par l'Administration des ponts et chaussées depuis 1787 jusqu'à nos jours, pour établir le port de Caen et le relier à Ouistreham par le nouveau canal, ont permis de constater à diverses reprises, au-dessus de la craie dans laquelle est creusé le lit de l'Orne, la superposition de plusieurs dépôts fluvio-marins d'importance et de nature fort diverses.

Ce sont d'abord de gros galets roulés (*a*) unis par un sable glaiseux parfois assez compact pour former une sorte de poudingue. Au milieu de ces bancs de cailloux s'intercalent de place en place (*b*) des noyaux lenticulaires de sable ou de vase irrégulièrement distribués.

Au-dessus des galets roulés, se rencontrent des dépôts de tourbe (*c*) plus ou moins étendus, remplacés ailleurs par des vases argileuses.

La *tangue* (*d*), amas de sables graveleux grisâtres ou noirâtres, forme au-dessus de la tourbe ou de la vase une couche généralement assez puissante, que surmonte l'humus de formation récente qui forme la *terre des prairies* (*e*).

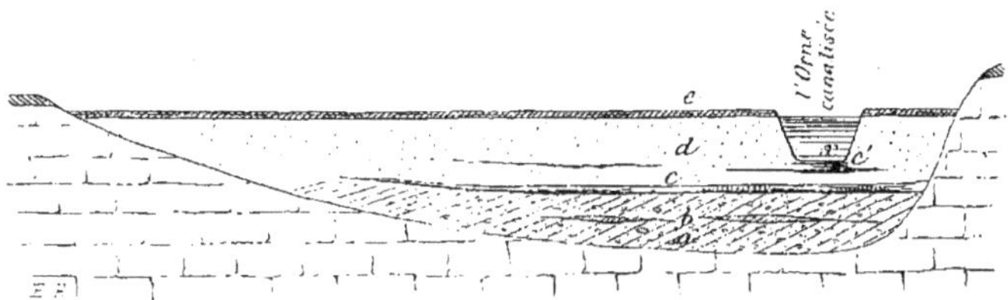

Fig. 100. — Coupe de la basse Orne au niveau de Benouville.

a — Gros galets roulés, unis par un sable glaiseux;
b — Noyaux lenticulaires de sable ou de vase intercalés au milieu des galets;
c, c' — Tourbes ou vases argileuses;
d — Tangue, sables graveleux, grisâtres ou noirâtres;
e — Terre des prairies;
x — Point où le crâne a été découvert.

La couche inférieure (*a*) est relativement ancienne. C'est dans cette couche qu'ont été découvertes, au pont de Vaucelles, en 1787, les antiquités vraisemblablement *néolithiques* dont j'ai déjà parlé ailleurs. C'étaient, avec des restes de cerf, de sanglier, de cheval, de bœuf et de chien, des bois travaillés de main d'homme et une pirogue renversée qui recouvrait des ossements humains, parmi lesquels une tête et deux fémurs (1).

J'ai examiné avec grand soin, au musée de la Faculté des sciences de Caen, cette tête qui reproduit, jusque dans les moindres détails, l'ossature des crânes de Cro-Magnon, Laugerie-Basse, etc. Je ne reviendrai sur la détermination que m'a suggérée son étude que pour rappeler en passant que le fait ethnique ainsi constaté est bien loin de se présenter isolé. De Boulogne à Saint-Nazaire, la grande majorité des têtes humaines trouvées dans

(1) Le 10 septembre 1787, les ouvriers (qui fondaient les piles du pont de Vaucelles à Caen), pénétraient sous la tourbe à 23 pieds de profondeur... dans un banc de poudingue de 3 à 4 pieds d'épaisseur *formé par un amas de cailloux et galets unis par un sable glaiseux.*

« Le métal fit complètement défaut dans cette couche; peut-être s'y trouvait-il des pierres travaillées, mais, en 1787, on n'avait pas encore appris à les reconnaître. Les animaux appartenaient d'ailleurs à la faune actuelle. On vit successivement sortir de la fouille, du 10 au 14 septembre, une corne de cerf, une dent de sanglier, une tête de cheval, deux cornes de bœuf, une demi-mâchoire inférieure de chien, puis un champignon de chêne, des bois travaillés de main d'homme et enfin une pirogue renversée et recouvrant des ossements humains, parmi lesquels une tête et deux fémurs exhumés à un pied en contre-bas du canal le 14 septembre. » (E.-T. Hamy, *Notes pour servir à l'anthropologie préhistorique de la basse Normandie, I. Le crâne du pont de Vaucelles* (Ext. des *Bull. de la Soc. d'Anthropol. de Paris.* Paris, Hennuyer, 1879, br. in-8°, p. 5.)

les dépôts anciens des estuaires appartiennent, en effet, au type humain si bien caractérisé que présentait le naufragé trouvé sous la pirogue renversée de Vaucelles.

II

Les tourbes et les vases superposées aux cailloux roulés dont il vient d'être question, n'avaient fourni aucun document archéologique qui autorisât à leur assigner une date relative (1), aucune pièce anthropologique qui permît de déterminer le type de l'homme contemporain de leur formation lorsqu'une découverte récente est venue nous mettre en main les restes d'un sujet enfoui dans ces dépôts, bien au-dessous du sol actuel de la basse vallée de l'Orne.

C'est à Benouville qu'a été faite, en 1880, cette intéressante trouvaille. On approfondissait le canal, en face le vieux camp romain qui, du haut de la petite falaise de Benouville, domine l'estuaire. La drague travaillait au-dessous de l'ancien lit de la rivière, à 6 mètres en contrebas des prairies (2), vers la limite de la tourbe et de la tangue, lorsqu'elle rencontra un crâne qui fut ramené malheureusement incomplet à la surface.

M. Eug. E. Deslongchamps, averti de cette découverte dont il comprenait l'importance, s'empressa de faire auprès du conducteur des travaux les démarches nécessaires, et le crâne de Benouville est aujourd'hui déposé, à côté de celui de Vaucelles, dans une des vitrines du musée de la Faculté des sciences de Caen.

Les figures ci-jointes représentent cette pièce, vue de profil, de face et par dessus. Il est aisé de constater tout de suite qu'elle appartient à un type céphalique entièrement différent de celui de l'homme de Vaucelles. Ce dernier était dolichocéphale, avec l'indice 73.29 ; l'homme de Benouville est brachycéphale. Il est tout à la fois plus court (d. a. p. 170) et plus large (d. tr. max. 144), que celui auquel je le compare et sa brachycéphalie se caractérise par l'indice 84.70.

De telles différences dans les proportions générales impliquent nécessairement de nombreuses différences secondaires qui doivent affecter l'une

(1) La *tangue* qui les surmonte recèle déjà jusque dans ses plus grandes profondeurs des débris appartenant à la période historique. Les procès-verbaux des fouilles que j'ai cités dans le travail mentionné ci-dessus (p. 2-3) font connaître que du 23 au 31 juillet 1787 un certain nombre d'objets avaient été extraits « au haut du canal » et « sur une longueur d'environ 30 pieds » prise du batardeau de section d'une couche de sable « très graveleux et noirâtre formé de débris de quartz ». Ladite couche gisait entre 16 et 18 pieds de profondeur (5 pieds plus haut par conséquent que celle d'où sortirent plus tard la pirogue et le squelette). Une ancre de fer « bien conditionnée », un petit pot de terre, une tête de chien, une tête de sanglier « bien reconnaissable », un « côté de mâchoire » du même animal, une mandibule et plusieurs autres os humains, un morceau de charbon, des débris de bois portant des traces de travail, furent successivement mis au jour, et l'ingénieur conclut de cette série de découvertes qu'il y avait eu dans cet endroit un naufrage, puisqu'on y avait rencontré des débris « bien caractéristiques de navire ». Deux pièces de monnaie furent recueillies peu après et dans les mêmes parages, mais elles étaient trop mal conservées pour qu'on pût tirer de leur présence dans les fouilles des renseignements sur l'époque de l'enfouissement des objets qu'elles accompagnaient.

(2) La prairie est en ce point à 4 mètres au-dessus du niveau de la mer ; le crâne gisait donc à 2 mètres au-dessous de ce niveau.

après l'autre chacune des pièces osseuses de la tête, dans ses rapports et dans ses formes.

La description du crâne de Benouville s'éloigne, en effet, considérablement de celle de la tête de Vaucelles.

Il se compose de la voûte presque complète (l'apophyse mastoïde gauche est seule détruite) et du malaire droit, qui représente tout ce qui reste de la face. La coloration brune des os est tout à fait comparable à celle des portions de squelette qui ont longtemps séjourné dans la tourbe; mais une couche grisâtre, d'aspect vaseux, dissimule presque partout cette teinte que le lavage fait, du reste, réapparaître avec une grande facilité. Le tissu osseux, qui ne montre aucune altération pathologique, est d'une densité considérable; son épaisseur ne dépasse pas 4 millimètres au niveau des bosses frontales, mais atteint 5 millimètres vers la suture coronale, pour descendre à 3 1/2 au niveau des bosses pariétales.

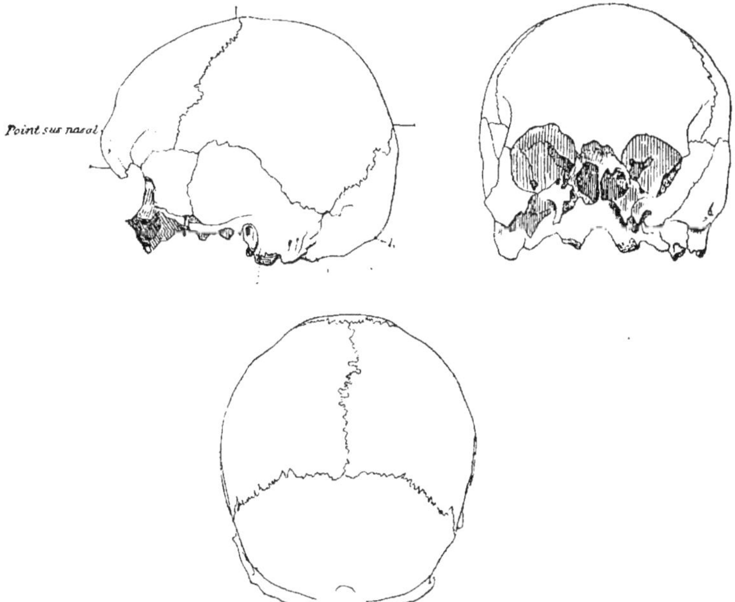

Fig. 101, 102 et 103. — Crâne de Benouville vu de profil, de face et par dessus.

Les sinus frontaux sont d'un développement moyen; les arcades sourcilières, légèrement déprimées au niveau de la glabelle, se prolongent en s'atténuant par deux courbes symétriques et régulières des deux côtés du plan médian antéro-postérieur. Quelques denticulations, apparentes entre la glabelle et la suture fronto-nasale, représentent seules le médio-frontal.

La courbe frontale s'élève à peine oblique jusqu'aux bosses, pour s'infléchir doucement à partir de ce niveau vers le bregma situé à 126 millimètres. On n'y voit pas de bosse médiane apparente, mais les bosses latérales s'y montrent bien accusées. Les régions temporales du frontal sont saillantes, mais de faible étendue.

Les pariétaux montrent dans tous les sens des convexités régulières et continuent sans modification les courbes du frontal; la ligne temporale est peu marquée, surtout en arrière, et les bosses sont presque complètement effacées. On ne constate aucune trace de voussure sagittale, aucun méplat postérieur.

L'écaille occipitale se renfle quelque peu au-dessus de l'inion. La ligne courbe supérieure ne présente aucune particularité intéressante, la protubérance externe n'offre rien de remarquable, mais les saillies et les dépressions musculaires de la portion inférieure de l'écaille sont toutes visibles et la région cérébelleuse, peu développée en surface, présente des renflements remarquablement accusés.

Les sutures, toutes ouvertes, sont généralement assez simples : on n'y voit aucun os wormien, mais il est resté à chaque angle externe de l'écaille occipitale des traces d'épactal que l'on peut suivre sur une longueur de 14 millimètres à droite et de 12 millimètres à gauche.

La portion squameuse du temporal, relativement peu développée, est subtriangulaire, à peine quelque peu convexe, et les contours s'en montrent très faiblement denticulés. L'apophyse mastoïde est forte, quelque peu projetée en dehors et porte des empreintes musculaires robustes.

La face, représentée, je l'ai déjà dit, par le seul malaire droit, devait être d'un développement transversal relativement médiocre; le diamètre biorbitaire n'atteint pas 105 millimètres. L'orbite, quadrangulaire, aux angles émoussés, est haut pour sa largeur, et la racine du nez se montre relativement épaisse.

III

Si l'on rapproche la description que l'on vient de lire de celle que j'ai donnée du crâne de Vaucelles dans les *Bulletins de la Société d'Anthropologie de Paris*; si l'on juxtapose les chiffres que fournit la mensuration détaillée des deux pièces, on constate fort aisément qu'il n'existe que bien peu de traits communs entre les deux sujets mis en présence.

MESURES COMPARÉES DES CRANES DE VAUCELLES ET DE BENOUVILLE.

	Pont de Vaucelles	Benouville.
Capacité crânienne.	»	1315 ? (1)
Diamètre antéro-postérieur maximum	191	170
— — iniaque	186	163
— transverse maximum	140	144
— — bitemporal	135 ?	142
— — biauriculaire	121 ?	127
— — bimastoïdien	106 ?	»

(1) Ce chiffre est trop faible. Le cubage n'a pas pu être poussé jusqu'au bout par crainte de briser la pièce.

	Pont de Vaucelles	Benouville.
Diamètre transverse frontal maximum	118	122
— — frontal minimum	100 ?	101
— — occipital maximum	»	105
— vertical basilo-bregmatique	»	123
— biorbitaire externe	109	105 ?
— — interne	96	97
— interorbitaire	»	27 ?
— bizygomatique	132	»
Courbe horizontale totale	532	505
— — préauriculaire	250	250
— transverse totale	453 ?	443
— — supérieure	315	303
— antéro-postérieure frontale { cérébrale	109	107
{ totale	134	126
— — pariétale	127	111
— — occipitale	121	107
Trou occipital, longueur	»	33
— largeur	»	30
Ligne naso-basilaire	»	96
Indices céphaliques. { longueur = 100 { largeur	73,29	84,70
{ hauteur	»	85,41
(largeur = 100 [hauteur	»	72,35

Autant le crâne de Vaucelles se rapprochait de ceux des hommes de la Vézère, autant celui de Benouville ressemble au contraire à ceux que Broca qualifiait de Celtes, parce qu'il voyait le type ethnique qui les caractérise prédominer surtout dans la Celtique de César.

Les crânes auvergnats, pour ne citer que la plus remarquable des séries étudiées par Broca, offrent, en effet, des proportions générales très voisines de la pièce de Benouville ; l'indice de longueur-largeur des têtes masculines mesurées par Broca donne le chiffre 84.45 ; et les rapports de la hauteur à la longueur et à la largeur égalent 87.33 et 73.58 (1). Ils sont, il est vrai, sensiblement plus volumineux en tous sens (2) ; et particulièrement plus développés dans leurs régions pariétale et surtout occipitale (3), mais la région frontale s'y montre fort semblable à ce que nous la voyons sur la tête que nous venons d'examiner.

Les détails morphologiques relevés dans notre description se retrouvent d'ailleurs, pour la plupart, dans celle des crânes auvergnats et les figures qui en ont été données ressemblent de très près aux nôtres.

La découverte de Benouville, s'ajoutant à celle de Vaucelles, vient confirmer une fois de plus la superposition, sur notre sol, à la race des Troglodytes de la Vézère (Cro-Magnon, Laugerie, etc.) de celle que Broca considérait comme celtique, et que je suis bien plus disposé, pour mon compte, à assimiler aux Ligures, dont l'établissement, antérieur à celui des vrais Celtes, a certainement embrassé la plus grande partie de la Gaule au début de la période historique.

(1) Les mêmes chiffres sont 84.70, 85.41 et 72.35 sur le crâne de Benouville.
(2) Rappelons que leur capacité est de 1.598 ; que leurs diamètres antéro-postérieur, transverse et basilo-bregmatique égalent 178, 150 et 131 ; que leur courbe horizontale totale est de 524 ; la transverse totale de 431, etc.
(3) La courbe pariétale atteint 123 ; l'occipitale, 116 ; le diamètre occipital maximum est de 115 ; et l'horizontal post-auriculaire s'élève à 280.

ASSOCIATION FRANÇAISE

POUR L'AVANCEMENT DES SCIENCES

EXTRAIT DES STATUTS ET RÈGLEMENT

STATUTS.

ART. 4. — L'Association se compose de membres fondateurs et de membres ordinaires; les uns et les autres sont admis, sur leur demande, par le Conseil.

ART. 6. — Sont membres fondateurs les personnes qui auront souscrit, à une époque quelconque, une ou plusieurs parts du capital social : ces parts sont de 500 francs.

ART. 7. — Tous les membres jouissent des mêmes droits. Toutefois, les noms des membres fondateurs figurent perpétuellement en tête des listes alphabétiques, et les membres reçoivent gratuitement, pendant toute leur vie, autant d'exemplaires des publications de l'Association qu'ils ont souscrit de parts du capital social.

RÈGLEMENT.

ART. 1er. — Le taux de la cotisation annuelle des membres non fondateurs est fixé à 20 francs.

ART. 2. — Tout membre a le droit de racheter ses cotisations à venir en versant, une fois pour toutes, la somme de 200 francs. Il devient ainsi membre à vie.

Les membres ayant racheté leurs cotisations pourront devenir membres fondateurs en versant une somme complémentaire de 300 francs. Il sera loisible de racheter les cotisations par deux versements annuels consécutifs de 100 francs.

La liste alphabétique des membres à vie est publiée en tête de chaque volume, immédiatement après la liste des membres fondateurs.

Les souscriptions sont reçues :

Au SECRÉTARIAT 4, rue Antoine-Dubois (Place de l'École-de-Médecine).

Les souscriptions des membres fondateurs peuvent être versées en une seule fois ou en deux versements de chacun 250 francs.

PARIS. — IMPRIMERIE CHAIX (s.-o.). — 3659-4.